稀有物种观察日记

稀有鸟类观察日记

彭麦峰 著　一本书文化 绘

广西科学技术出版社

图书在版编目（CIP）数据

稀有鸟类观察日记 / 彭麦峰著；一本书文化绘 .—南宁：广西科学技术出版社，2024.10

（稀有物种观察日记）

ISBN 978-7-5551-2207-4

Ⅰ. ①稀... Ⅱ. ①彭... ②一... Ⅲ. ①鸟类—少儿读物
Ⅳ. ①Q959.7-49

中国国家版本馆CIP数据核字（2024）第097641号

XIYOU NIAOLEI GUANCHA RIJI
稀有鸟类观察日记
彭麦峰 著 一本书文化 绘

责任编辑：罗 风
装帧设计：张亚群 韦娇林
责任校对：冯 靖
责任印制：陆 弟

出 版 人：岑 刚
社 址：广西南宁市东葛路66号
网 址：http://www.gxkjs.com
出版发行：广西科学技术出版社
邮政编码：530023
编辑部电话：0771-5871673

印 刷：运河（唐山）印务有限公司
开 本：787 mm×1092 mm 1/16
字 数：96千字
印 张：6
版 次：2024年10月第1版
印 次：2024年10月第1次印刷
书 号：ISBN 978-7-5551-2207-4
定 价：45.00元

目录

中华凤头燕鸥

5月1日　大晴天

我和爸爸来到福建长乐闽江河口国家湿地公园鳝鱼滩。我看到许多海鸟跟随着潮水如约而至，其中有一种看起来很“非主流”的海鸟非常显眼。这种海鸟拥有相当酷炫的黑色冠羽，好像桀骜的“爆炸头”，感觉像是叛逆版的海鸥。它身上的色彩搭配也与海鸥很相似，淡灰色的身体、灰色的翅膀、白色的腹部。鸟类观察者说，这是中华凤头燕鸥，当它和大凤头燕鸥一起出现时，常常容易让人混淆呢。

日记点评

作者运用了排比的修辞手法，把中华凤头燕鸥的外貌特征从身体到翅膀，再到腹部，按照观察顺序清晰地描写了出来，结构严谨，逻辑通顺，体现了作者细致入微的观察能力。

物种卡片

中华凤头燕鸥，世界极度濒危动物，濒危等级高于大熊猫两级。中国最珍稀的鸟类，国家一级保护野生动物。

名称	分布 / 栖息	特点	食性
中华凤头燕鸥、黑嘴端凤头燕鸥	活跃于热带和亚热带海域，偏爱栖息于小型的海岸与岛屿，常在开阔的水域、海岸、岩石及沙滩上活动	在繁殖期，中华凤头燕鸥的额头是黑色，但到了冬季会变成白色	以鱼类、虾类为主要食物

中华凤头燕鸥最显著的特征是嘴巴大体呈黄色，尖端为黑色。鸣叫声尖厉似“keerrick”，音调较高。

仔细看，哪一只是中华凤头燕鸥？

黑头白鹮

5月19日 阳光明媚

妈妈给我报了夏令营，今天我终于有机会到保护区的湖畔观鸟，真让人兴奋！夏令营的老师带着我们在湖边观察时，我突然看到一只颜色特别的鸟，它身体部位的羽毛是白色，头部、嘴巴、脖子、腿部和脚都是黑色的，像是穿着白衣裳，这让我想到奶奶家养的乌鸡。不过我觉得最特别的是它的嘴巴好像弯弯的镰刀。它的翅膀的羽毛上有一条棕红色带状斑，腰部和尾部的羽毛上有淡灰色丝状装饰的羽毛。老师说，这是黑头白鹮，通常听不到它的叫声（是无声的），这种鸟是“一夫一妻”制，找到了中意的伴侣后，便一起在近水岸边的大树上筑巢。

日记点评

作者在描写黑头白鹮的羽毛时，写到了“穿着白衣裳”，这是运用了拟人的修辞手法，使黑头白鹮的形象更加直观、具体。此外，作者还运用了比喻的修辞手法，把黑头白鹮的嘴巴比作镰刀，喻体生动，十分贴近生活，非常好！

物种卡片

黑头白鹮是鹈形目鹮科白鹮属的鸟类，是国家一级保护野生动物，世界濒危物种。

名称	分布 / 栖息	特点	食性
黑头白鹮	分布于国内各地，国外常见于东亚、南亚及东南亚，栖息于湖边、河岸、水稻田、芦苇水塘、沼泽等地	成群活动，不停地飞翔寻找食物，还会和鹳等其他水鸟混在一起筑巢生活	食性广泛，喜食鱼、蛙、蝌蚪、昆虫、蠕虫、甲壳类动物、软体动物及小型爬行动物，偶尔也会吃植物

黑头白鹮为大型涉禽，体长约70厘米；嘴呈黑色，细长弯曲；虹膜红或红褐色；脚短且黑。夏季羽毛洁白，头部和颈上部裸露呈黑色，背部和前颈下部有灰色饰羽，翅膀下裸露深红皮肤斑。

黑头白鹮是一种会到南方越冬的涉禽。春夏季的时候在黑龙江、吉林和辽宁繁殖生活，到了冬天会飞到南方地区如广东、福建等地越冬，迁徙期间会在其他地方看到。

找一找黑头白鹮在哪里？

短尾鹦鹉

5月22日 多云间阴

我和护林员叔叔一起在森林里徒步，突然听到有鸟在大声地鸣叫！我往空中一望，看到一群小鸟正在树顶的周围打转呢。那是一群小小的鹦鹉，好像森林中的小精灵，飞翔的时候它们的翅膀张开，像彩色折扇！它们的嘴巴是红色的，腰部及尾部有红色的羽毛，好漂亮啊！我还发现它们中的一部分喉部有淡蓝色斑块，一部分没有淡蓝色斑块。这是怎么回事啊？护林员叔叔说，这是雌性鹦鹉和雄性鹦鹉不同的地方，雄性的喉部才会有明显的淡蓝色斑块。

日记点评

作者运用了比喻的修辞手法，把飞翔的短尾鹦鹉比作小精灵，又把它们的翅膀比作彩色折扇，生动形象地向我们展示了一群翱翔在林间的鸟中“精灵”。不仅如此，作者还详细描写了短尾鹦鹉的嘴巴、羽毛和喉部，体现了作者细致的观察能力。

物种卡片

短尾鹦鹉，又称倒悬鹦鹉，是鹦鹉目鹦鹉科的鸟类，属于国家二级保护野生动物。

名称	分布 / 栖息	特点	食性
短尾鹦鹉	分布于南亚及中国云南等地，栖息于森林边缘、果园、小片被分隔的森林、混交林、沼泽等地	飞行时，反复发出“chee-chee-chee”的尖叫声或“tsit-tsit”的颤声，吃东西时偶尔会发出柔和的似窃笑般的声音	以花蜜、水果、种子为主要食物，偏爱番石榴的果实

短尾鹦鹉是体形比较小的鸟类，体长大概 10 厘米，大约有 10 年寿命。短尾鹦鹉飞行快速而颠簸，擅长攀爬，当受到刺激时会展现出攻击行为：它会瞄准另一只鸟的头部快速飞扑过去，喉部羽毛明显竖起，尾羽展开，表现出威胁姿态。

短尾鹦鹉种群稳定，通常在树洞中筑巢，偶用旧巢。繁殖期为 1 ~ 4 月。雌鸟每次产 2 ~ 4 枚卵，2 天内产完，常有卵未受精的情况。孵化期 20 ~ 22 天。雄鸟不参与育雏。幼鸟 1 个月左右羽毛长成。

仔细观察，找一找哪一只鹦鹉是短尾鹦鹉。

黑脸琵鹭

5月30日 阴天有小雨

今天一大早，妈妈带我去海滩赶海。在海边的芦苇滩涂上，我看到一种特殊的白色大鸟。它的嘴非常特别，又长又扁平，和乐器琵琶特别像！它的羽毛大多是白色的，却有一张“黑脸”，看上去像是有点脾气不太好的样子，而且额头前部、眼线、眼睛旁边到嘴巴、腿、脚都是黑色的。旁边的导游说，这种鸟叫黑脸琵鹭，它和白琵鹭长得很像，在野外常常会把它们弄混。

日记点评

作者运用了比喻的修辞手法，把黑脸琵鹭的嘴巴比作琵琶，抓住了这种鸟嘴巴又长又扁平的特点，与琵琶的外形一比较，确实非常形象，也难怪这种鸟的名字叫作黑脸琵鹭了。

物种卡片

黑脸琵鹭是鹈形目鹮科琵鹭属的鸟类，属全球濒危物种，是国家一级保护野生动物。

名称	分布 / 栖息	特点	食性
黑脸琵鹭	分布于东亚地区，栖息于湖泊、水塘、河口、芦苇沼泽、水稻田及沿海地带	性情温顺，从不攻击其他鸟类，单独或成小群活动，机警避人	喜欢捕食小鱼、虾、蟹、昆虫及其幼虫、软体动物

黑脸琵鹭为中型涉禽，体长60～78厘米；嘴长直且黑，上下扁平，前端扩大呈匙状；脚长而黑，胫部裸出；额、喉、脸及眼周均为黑色，羽毛为白色。

黑脸琵鹭在中国一般为冬候鸟，在湖南、贵州、广东、福建、海南、香港、台湾、澎湖列岛等地越冬；迁徙期间见于辽宁、北京、河北、山东；少数在福建为留鸟。

仔细观察，找一找图中哪些生物是黑脸琵鹭喜欢的食物。

雪鸮

6月5日 阳光明媚的晴天

今天是非常特别的一天，在北极科考站从事环境摄影的表哥要带我一同出发，去寻找雪鸮的身影。太酷了！我们在薄冰消融的广袤苔原上徒步前行，在接近一处石壁的时候，一个白色的身影吸引了我的目光。它看起来很呆萌，头圆而小，有着白色的羽毛、金黄色的眼睛，歪着头双眼圆睁地注视着我，好可爱啊！它的爪子和腿被羽毛包裹得严严实实，爪子底部厚厚的肉垫，就像穿上了白色的毛袜子又套上了白色的雪地靴。它很像电影《哈利·波特》中哈利·波特的宠物——海德薇。表哥赶忙拿出相机，说："它就是我们要找的雪鸮。"

日记点评

作者把雪鸮的形态、颜色细腻地描绘了出来，且叙事语言自然、朴素，说明作者善于观察生活，能够敏锐地捕捉有意义的瞬间。

物种卡片

雪鸮是鸮形目鸱鸮科雕鸮属的一种大型猫头鹰，属于体形较大的鸮类，被列入《世界自然保护联盟濒危物种红色名录》“易危”物种，是国家二级保护野生动物。

名称	分布 / 栖息	特点	食性
雪鸮	夏季活跃于北极的丘陵、海岸、苔原及沼泽，冬季迁徙至欧洲、北美、朝鲜、日本，及中国河北和内蒙古等地。栖息于草原、湿地、田地等环境	羽毛浓密，在零下50℃的气温下仍能保持38～40℃的体温。视力极佳，可以观察到极远处的小物体	喜食北极地区的小型哺乳动物如旅鼠、岩雷鸟幼鸟，食物短缺时则捕食其他地域的啮齿类、雉类、雁鸭类动物，偶尔吃鱼类和腐肉

雪鸮属于猛禽，体长50～71厘米。雄性体形小，雌性体形大。羽毛几乎全白，端部略带黑色。头部小而圆，面盘不突出。

雪鸮于日间求偶，求偶方式有两种：其一，雄鸮叼住猎物，高低飞翔，垂直降落，随后背对雌鸮，头低身斜，尾羽呈扇形拖地展开；其二，雄鸮在空中将猎物传递或喂给雌鸮。

仔细观察，找一找雪鸮冬季住在哪种环境中。

白腹鹭

6月19日 风和日丽

我去云南的外婆家玩，在外婆邻居家的农田旁发现了一只脖子长长的大鸟，好特别哦！它整体是灰色的，头顶长着几根灰色和白色的丝状羽，像在头上留了一根小辫子，真有趣！它的嘴巴长而尖直，脖子下面和腹部的长羽毛是白色的，翅膀又大又长，腿和脚趾都是细长的呢。当地森林公安部门的专家判断，这只鸟是国家一级保护野生动物白腹鹭，并说，白腹鹭是一种分布区域狭窄、数量稀少的濒危鸟类，如果我们看见了一定要好好保护它们！

日记点评

作者运用了比喻的修辞手法，把白腹鹭头顶的丝状羽比作小辫子，十分生动有趣。难能可贵的是，作者观察细致，描写生动，能把自己看到的珍稀动物描写得童趣十足，很棒！

物种卡片

白腹鹭是鹈形目鹭科的大型迁徙性涉禽，是国家一级保护野生动物，被列入《世界自然保护联盟濒危物种红色名录》“极危”物种。

名称	分布 / 栖息	特点	食性
白腹鹭	栖息于喜马拉雅山麓，热带和亚热带的森林、高原、山地溪流岸边、沼泽湿地、草原或宽阔的农田	喜欢 4 ~ 5 只结小群活动。性情胆怯而机警，叫声高亢而粗哑	以水生生物为食，包括鱼、虾、蛙及水生昆虫等

白腹鹭的巢用枯枝搭建，比较庞大，通常在高大树木的高处。

白腹鹭是大型迁徙性涉禽，身高可达 127 厘米。整体呈灰色，喉部、腹部、臀部、腋羽及颈下长饰羽均为白色，顶冠有几根灰白相间的丝状羽，虹膜、嘴和脚均为灰色。

找一找，白腹鹭的家在哪里？

黄嘴白鹭

6月19日 闷热的阴天

今天，爸爸带我来到了海边，我认识了许多动物。我看到一只身体纤瘦而修长的白鹭站在海边，它的嘴、颈、脚都很长，身姿非常优雅，好像芭蕾舞演员。它全身羽毛大多是白色，头后部的羽毛又长又密，有几根羽毛特别长，就像人的狼尾发型，这让我想起电视上看到的在巴西狂欢节上，女主角头戴羽冠的样子。它的嘴巴是黄色的，腿是黑色的。爸爸说，它就是因为这个特征才被叫作黄嘴白鹭。每年4月和11月，它要进行春秋两季的迁徙哦。

日记点评

作者运用了比喻的修辞手法，把黄嘴白鹭比作芭蕾舞演员，抓住了它体态修长、身姿优雅的特点，就好像芭蕾舞演员踮着脚尖起舞一般，十分贴切；且日记里所用的语言准确、朴实，举例贴近生活，非常能引起读者的共鸣。

物种卡片

黄嘴白鹭是鹈形目鹭科的鸟种，是国家一级保护野生动物，全球性濒危。

名称	分布 / 栖息	特点	食性
黄嘴白鹭	常见于东亚及东南亚地区，生活在沿海岛屿、海岸、海湾、河口，以及沿海附近的江河、湖泊、水塘、溪流、水稻田和沼泽地带	行走时步履轻盈稳健，受惊吓时发出低音的呱呱声	以小型鱼类、虾、蟹、蝌蚪、水生昆虫等为食

夏天的时候，黄嘴白鹭在中国东北地区尤其是辽东半岛和部分岛屿繁殖；到了冬季，会飞往菲律宾，极少数会飞至婆罗洲及马来半岛越冬。

黄嘴白鹭是中型涉禽，体长 46～65 厘米，体重 320～650 克。通体修长，体羽洁白，雌雄相似，虹膜呈淡黄色，腿黑色，幼鸟无细长的饰羽。

仔细观察，找一找这两只黄嘴白鹭中哪一只是幼鸟。

猎隼

6月25日 阳光明媚的晴天

妈妈和爸爸带我去内蒙古旅游，我们看到一只猎隼在空中飞翔，它好像在捕食。我赶忙拿起望远镜观察。它的翅膀比较宽；爪子非常大，看上去很弯曲、锋利，强壮有力；它的嘴巴非常锋利，又尖又弯；它的胸部有着厚实的浅色羽毛，颈背羽毛偏白色，头顶是浅褐色的。这只猎隼看上去真像一个蓄势待发的冷酷“杀手”。导游说，猎隼在飞行中狩猎时，会收拢双翅贴近攻击路径和地面，呈25度角冲刺攻击，速度快的时候可以达到每小时275～360千米。它就像鸟类“歼击机”一样，突袭山雀、百灵鸟，还有地面的野兔。

日记点评

作者运用比喻的修辞手法，把猎隼比作“杀手”“歼击机”，使文章更加生动有趣，同时以列举数据的方式，向我们展示了猎隼捕食的方式和速度，使日记更具画面感和说服力。

物种卡片

猎隼是一种非常珍稀的猛禽，是隼形目隼科的鸟类，被列入《世界自然保护联盟濒危物种红色名录》“濒危”物种，是国家一级保护野生动物。

名称	分布 / 栖息	特点	食性
猎隼	分布于欧亚大陆（除中南半岛外）和非洲大陆北部，栖息于山区开阔地带、丘陵、河谷、沙漠、草地、潮湿的森林、半沙漠草原及平原	卡塔尔、匈牙利、蒙古国等国家的国鸟。古代贵族曾驯养其用于狩猎、侦查和保护羊群	以中小型鸟类、野兔、鼠类等动物为食，也会攻击金雕等大型猛禽

猎隼体重 680 ~ 1200 克，体长 42 ~ 59 厘米，体形庞大，羽毛浅褐，颈部洁白，眼上眉纹白色，眼下条纹黑亮，胸腹白中带黑褐色斑纹。其虹膜褐色，喙灰色，蜡膜浅黄色，脚黄色。

猎隼的繁殖期在每年 4 ~ 6 月，它们喜欢在草地上的矮树、悬崖峭壁上的缝隙、土山甚至电线杆上建巢，有时也会占用其他鸟类的旧巢。巢由枯枝等构成，内垫有兽毛、羽毛等物。

猎隼在哪些国家是国鸟呢？（连线）

卡塔尔　　老挝　　巴勒斯坦　　阿联酋

匈牙利　　印度尼西亚　　泰国　　蒙古国

游隼

6月26日　阳光明媚的晴天

爸爸和妈妈带我去动物园玩。我突然看到鸟类馆里有一只“猎隼”。“妈妈！快看！这是不是猎隼？”我兴奋地大喊。妈妈仔细观察了好一会儿，说：“你再看看？它比较瘦小一些呢，这是游隼。”猎隼和游隼长得真的很像，它们都有强而有力的大爪子和锋利的嘴巴。我真好奇妈妈是怎么区分它们的。

爸爸说，游隼是世界上俯冲速度最快的鸟类，它在空中捕猎时，会突然弯腰从高处向下俯冲，速度高达每小时389千米，比猎隼更胜一筹。但是它的体形小一些，攻击性也比猎隼弱一点，捕食的对象大部分是鸽子、野鸭、鸡、乌鸦等中小型鸟类。

日记点评

作者运用了对比的修辞手法，比较了猎隼和游隼的特点，使得游隼的特征习性更加突出，令人印象深刻。同时，作者用生动的文字把看到游隼、学到知识的过程完整记录下来，重点突出，非常好！

物种卡片

游隼是隼形目隼科的鸟类，国家二级保护野生动物。

名称	分布 / 栖息	特点	食性
游隼	遍布于世界各地，生活在山地、丘陵、荒漠、半荒漠、海岸、旷野、草原、河流、沼泽、湖泊沿岸地带，在农田、耕地和村屯附近也能见其身影	一部分为留鸟，一部分为候鸟，是阿联酋和安哥拉的国鸟。	喜欢捕食小鱼、虾、蟹、昆虫及其幼虫、软体动物

游隼奉行“一夫一妻”制，除非遭遇不幸，否则终生相伴。每年 4 ~ 6 月，游隼进入繁殖期，常双双翱翔于空中，欢快地鸣叫。

游隼是中型猛禽，体长 41 ~ 50 厘米。其翅长而尖，眼周金黄，颊部饰有黑色髭纹，头部至后颈灰黑色，上体蓝灰色，尾部横亘数条黑带。

哪一只是猎隼，哪一只是游隼呢？

灰冠鸦雀

2月20日 有些凉的晴天

今天，我和家人、朋友一起去到森林里观鸟。我们早早地来到森林，迫不及待地开始探索。一进入森林，我们就听到了鸟儿欢快的歌声。快看！灰冠鸦雀正在地面上寻找食物。它们非常聪明，会悄悄地移动，以免被猎物发现。除了觅食，它们还喜欢玩耍打闹。我看到它们互相追逐，有时候还会飞到树枝上。它们的翅膀和尾巴是那么灵活，好像随时都准备飞翔。大自然是多么美妙啊！我深深地感受到，我们应该保护森林，保护这些可爱的鸟儿。

日记点评

作者采用了拟人的修辞手法，赋予灰冠鸦雀以人的行为特征，生动地展现了灰冠鸦雀在林间嬉戏打闹的场景，字里行间透露出作者对鸟儿及大自然的喜爱之情。

物种卡片

灰冠鸦雀是中国特有的小型鸦雀，属于雀形目莺鹛科，是国家一级保护野生动物。

名称	分布 / 栖息	特点	食性
灰冠鸦雀	仅分布于甘肃、四川，生活在高山、森林边缘的地形陡峭处，喜欢在面向太阳的山坡一侧的箭竹上筑巢	联络叫声为短促的嘟声，间以尖细高音。被认为是中国最为稀有的雀形目鸟类，其标本仅存于俄罗斯	以蝗虫、蚱蜢和蚂蚁等昆虫，以及植物果实、种子为食

灰冠鸦雀个头小巧，有灰色的头顶、黑色的眉纹和棕色的胸部，这是区分它和其他鸦雀的重要特征。

灰冠鸦雀的巢一般藏在竹丛中，由草叶和竹叶编织成杯子形状，内部有非常精细的结构。为了隐蔽，灰冠鸦雀还精心设计，在鸟巢外侧装饰绿色的苔藓。

雀形目

麻雀属

鸦雀属

自 1988 年起，灰冠鸦雀一直没有记录，直至 2007 年 7 月在四川唐家河自然保护区重现。2011 年 5 月，该地又发现 5 只。2013 年 6 月 10 日，鸟类学家在该地再次观察到 1 对灰冠鸦雀及 3 只雏鸟。

请找一找，灰冠鸦雀的嘴是什么形状的。

黑头噪鸦

7月2日 烈日炎炎

今天是我加入观鸟小组的第一天，我们来到自然保护区里观察鸟类。在四处寻找鸟儿的时候，突然，我注意到天上有一只很大的“乌鸦”飞过，它还发出“嘎——啊，嘎——啊”的叫声。鸟类学家告诉我，这是国家一级保护野生动物黑头噪鸦。在保护区里，我还看到了孔雀、雉鸡等其他鸟类。通过观察，我发现不同的鸟类有着不同的特征，比如羽毛的颜色和体形等。我还发现，有些鸟喜欢吃植物，有些鸟则喜欢吃昆虫。今天是非常充实的一天，我学到了很多关于鸟的知识，也认识了许多珍稀的鸟类。

日记点评

日记结构清晰，采用“总—分—总”的形式，让读者清晰地理解了作者的观察顺序和观察内容。日记语言平直朴实，作者通过这种写作方式总结了一天的收获。

物种卡片

黑头噪鸦是我国特有鸟类，属于雀形目鸦科噪鸦属。它是国家一级保护野生动物，是世界上3种噪鸦的其中一种，受到世界关注。

名称	分布/栖息	特点	食性
黑头噪鸦	分布在甘肃、青海、四川、西藏海拔3050～4300米的针叶林。在树顶部的枝杈上营巢，离地面高2～20米	在林间飞行时多呈直线，飞行距离不远，但在受惊时会飞往远处	以蝗虫、金龟甲、金针虫、蝼蛄、蛴螬等昆虫的成虫、幼虫和蛹为食，也吃雏鸟、鸟卵、鼠类、腐肉、动物尸体，以及植物叶、芽、果实和种子等

黑头噪鸦通常3～4只结伴，成群活动，这有利于互相保护。当群体中有一只黑头噪鸦被捕捉时，其他同伴也会着急，并发出叫声威胁入侵者，给被捕的伙伴创造逃跑机会。

黑头噪鸦还有一个有趣的习性——合作繁殖。每年4月，气温尚低时，雌鸟便开始孵卵。雌鸟会挑选同伴作为繁殖助手，助手会在雌鸟育雏期为幼鸟提供食物。黑头噪鸦聪明且擅长群体合作，有复杂的群体活动。

你能找到黑头噪鸦藏在森林里的食物吗？

棕头歌鸲

7月2日 多云间晴

暑假期间，我们一家来到四川参加观鸟旅行。在保护区里，我们到处寻找鸟儿的踪迹。走着走着，森林变得越来越茂密，四周传来的鸟鸣声也越来越响亮。鸟儿歌声的调子有的、高有的低，节拍有的快、有的慢，像在表演一首大合唱。导游带领我们来到一片树林，这里有世界上最稀有的鸟类之一——棕头歌鸲。我用望远镜观察到了！它的羽毛颜色艳丽，头顶和后颈的橙棕色特别显眼！妈妈说，这只是雄鸟。

日记点评

作者运用了拟人的修辞手法，生动地展示了棕头歌鸲善于鸣唱、叫声婉转悦耳的特点。此外，作者还运用了排比的修辞手法，形象地刻画了鸟儿歌调富有节奏的特点。

物种卡片

棕头歌鸲已知记录很少，是世界上最罕见的鸟类之一，被列为国家一级保护野生动物。

名称	分布 / 栖息	特点	食性
棕头歌鸲	分布于四川，常见于九寨沟国家级自然保护区。生活在海拔 2000 ~ 3000 米的亚高山林的稠密矮树丛中	极善鸣叫，喉音重，叫声洪亮有力、悦耳且有间隔	以小型昆虫、蚯蚓等蠕虫为食，也会啄食植物的嫩叶、果实等

棕头歌鸲雄鸟和雌鸟外貌很不一样。雄鸟有鲜艳的羽毛，雌鸟却没有那么美丽，看起来灰扑扑的。在鸟儿的世界里雄鸟只有“打扮”得漂亮，才能吸引到雌鸟。此外，雌鸟还通过雄鸟的歌声来挑选优质的雄鸟。

根据《世界自然保护联盟濒危物种红色名录》的评估，棕头歌鸲的数量正在持续减少。造成这一现象的原因主要有栖息地的丧失、植被的严重退化，以及盗猎和非法贩卖等人为因素的干扰。

图中有一群棕头歌鸲，请找一找里面有几只雄鸟、几只雌鸟。

银耳相思鸟

7月2日 雨后天晴

今天，我和朋友去青秀山风景区游玩。在风景区里，我们见到了叶子又大又绿的植物，有的直接附生在树干上。我们仿佛走进了热带雨林。雨林的池塘后面，有一片树丛，里面的树叶动了几下。我走近一看，发现树丛里有两只美丽的鸟，它们身上有彩色的羽毛，像穿着盛装花裙。朋友告诉我，这种鸟叫作银耳相思鸟，他家曾经养过，后来这种鸟成了国家保护动物，不能随意饲养，他就将其交给了自然管理局。朋友的话，让我领悟了很多知识。银耳相思鸟，让我们在大自然中相见吧！

日记点评

作者采用比喻的修辞手法，把银耳相思鸟身上的羽毛比作盛装花裙，生动形象地表现了银耳相思鸟的外形特征。

物种卡片

银耳相思鸟是雀形目噪鹛科的鸟类，属于国家二级保护野生动物，不允许擅自饲养。

名称	分布 / 栖息	特点	食性
银耳相思鸟	分布在西藏、云南、广西，生活在海拔350 ~ 2000米的常绿阔叶林、灌丛和竹丛间，在树下灌木上营巢	颜色艳丽，极为醒目。生性活泼好动，喜欢在树间和枝条间穿梭跳跃，性格大胆，允许人类靠近	主要以甲虫、瓢虫、蚂蚁等昆虫为食，也会啄食植物的果实，稻谷、玉米等农作物

相思鸟雌雄分开后，雄鸟会向着雌鸟高声鸣唱，彼此回应。它们叫声婉转，听起来像鸟儿间在互诉爱意，人们也经常看到成对的相思鸟在一起活动。于是，相思鸟被用来象征爱情，寓意形影不离。

鸟贩为了利益，会捕捉野生的银耳相思鸟，而在养殖和运输的过程中，许多银耳相思鸟会因此受伤，甚至死亡。这让野生银耳相思鸟变得越来越少。如果继续放任这种行为，后人可能再也见不到银耳相思鸟了。

这只银耳相思鸟身上有几种颜色？红色共有几处？

灰胸薮鹛

7月15日 阳光明媚的晴天

放暑假了，我们一家人来到四川游玩。今天，我们的目的地是峨眉山。在向峨眉金顶前进的路上，我们看见了好多猴子和鸟。瞧！树上有一只很特别的小鸟，树下的行人都停下了脚步观看。我急忙拿出望远镜，想把它看得更清楚。这只鸟又灰又黄，脖子和眼圈是黄色的，翅膀中间是橙色的。它晃了晃脑袋，好奇地注视着周围，不一会儿就飞走了。后来，爸爸妈妈帮我查了鸟类图鉴，我才知道今天看到的鸟是灰胸薮鹛。

日记点评

本篇日记采用侧面描写和细节描写相结合的方式，展现出灰胸薮鹛的特征，体现了作者细致入微的观察能力，以及对灰胸薮鹛的喜爱之情，而且叙述流畅，结构合理，是一篇优秀的日记。

物种卡片

灰胸薮鹛属于雀形目噪鹛科，是我国特有的小型鸟类。种群数量稀少，为国家一级保护野生动物。

名称	分布 / 栖息	特点	食性
灰胸薮鹛	分布于四川眉山市、乐山市、宜宾市。生活在海拔 1000 ~ 2400 米的林缘灌草丛和竹丛中，鸟巢距离地面高 1.8 ~ 2.5 米	胆小畏人，通常藏匿于茂密灌丛、竹丛或小乔木树冠内，占区鸣叫时通常只闻其声不见其形	主要以昆虫和植物果实、种子为食

灰胸薮鹛用不同的鸣声表达召唤、应答、觅食、采食、飞行联络、占区、驱逐、报警、求偶等含义。觅食时，鸣声微弱，由 2 个音节组成；采食时，鸣声欢快，由 3 个音节组成。

在遇到危险时，灰胸薮鹛会发出“jia jia——”的叫声警告入侵者；在交配时，雄鸟向雌鸟发出急促的“ji–ji–ji”叫声；当雌鸟外出寻找筑巢材料，许久未归时，雄鸟会发出“gua——”的长音呼唤雌鸟。

请找一找，在冬季，灰胸薮鹛会沿着哪条路线移动。

灰胸薮鹛需要隐蔽、保温和食物才能存活越冬。在冬季，它们会从高海拔的山顶处迁移到山下躲避冰雪。这种现象被称为鸟类的季节性垂直迁移。

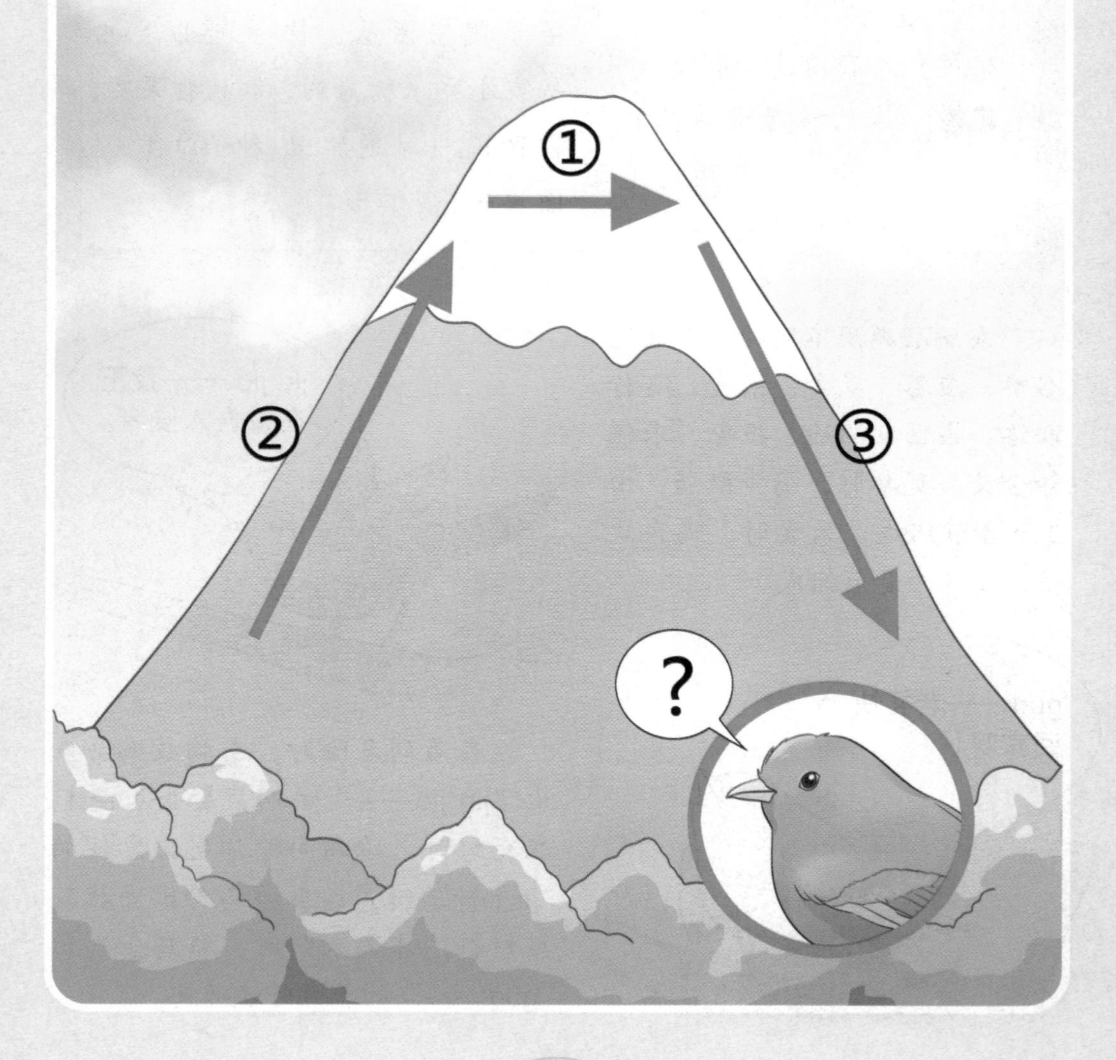

白点噪鹛

6月20日　多云间晴

今天一大早，我和爸爸、妈妈登上云南老君山参加观鸟活动。路上，我们遇到一位叔叔，他的目标是到全国各地给珍稀鸟类拍照，所以他身上带了专业相机。在森林里，我看到了好多鸟，让我最难忘的鸟是白点噪鹛，它褐色的羽毛上有许多白色的斑点，就好像身上落了雪。它躲避我的望远镜，在杜鹃树丛里飞来飞去。中午，我们的行程结束了。山里的空气是多么清新，鸟儿的鸣叫是多么快乐啊！这次观鸟经历真让我难忘。

日记点评

这是一篇让人感受到美的日记，作者运用了比喻的修辞手法，用雪来比喻白点噪鹛身上的斑点，想象力真丰富。在结尾处还用到了借景抒情的手法，作者以所见所感，向我们展示了他对白点噪鹛的喜爱。

物种卡片

白点噪鹛是雀形目噪鹛科鸟类，是国家一级保护野生动物，也是中国的特有物种。

名称	分布 / 栖息	特点	食性
白点鹛、白点噪鹛	分布于四川、云南，常见于高海拔地区。喜欢在树上营巢，栖息在云杉和冷杉林、高山栎、竹林中，也出入于灌木丛	中国西南部特有，生活习性鲜为人知	由于数量稀少，其食性未知，推测大体与其他噪鹛属动物的食性相似，喜食小型昆虫和果实等

中国盛产噪鹛，一共分布有57种噪鹛，除了白点噪鹛，还包括常见的画眉鸟。噪鹛通过鸣唱，表达驱赶、应答、求偶等含义。条件合适时，雌鸟还会和雄鸟形成二重唱。白点噪鹛也会“唱歌”，当地人将它称为“雪山画眉”。

我会发出“wi-chiu-wu-wu-wi”的叫声！来和我比试一下吧！

为了得到白点噪鹛，一些缺乏动物保护意识的人，把它们捕捉为笼鸟售卖。在我国，捕捉、贩卖国家一级保护野生动物是违法行为。

你能找出白点噪鹛和棕颏噪鹛的区别吗?

短尾信天翁

6月20日 多云间阴

今天，我们一家坐船出海游玩，我很兴奋。船长叔叔说，在海上有机会看到短尾信天翁。短尾信天翁是一种体形很大的飞鸟，也是濒危的国家一级保护野生动物。不久，我们看到海上飞来一只巨大的“海鸥”，是短尾信天翁来了！它有着流线型的身体和长长的翅膀。仔细看，它的肚子和背部是白色的，翅膀是黑色的。我对着天空喊道：“这就是短尾信天翁！太美了！我们一定要好好保护它！”

日记点评

作者通过自己细致的观察描写出短尾信天翁的外貌特征，整篇日记结构流畅，并且在描写时用了“流线型”“濒危”这类科学词汇，将自己掌握的科学知识活学活用，让人刮目相看。

物种卡片

短尾信天翁是一种大型海鸟，属于鹱形目信天翁科，是国家一级保护野生动物。除了短尾信天翁，全世界还有 13 种信天翁。

名称	分布 / 栖息	特点	食性
短尾信天翁、海燕	分布于北太平洋与亚洲西太平洋地区，繁殖于小笠原、琉球和澎湖等岛屿，栖息在海洋中偏僻、多岩石的孤立小岛	不常鸣叫，多滑翔于海面，会游泳，但不潜水。性情警觉，孤僻安静	以水表层的小型软体动物和小鱼为食，偶尔也食用渔船上人类丢弃的动物内脏

短尾信天翁幼鸟的颜色会不断变化。第 1 年幼鸟羽毛呈暗褐色，随着年龄增加，逐渐长出白色飞羽，第 4 年身体大部分变为白色。可以活到 40 ~ 60 岁。

我是 1 岁的短尾信天翁，还没有白色的羽毛。

当我长大后，身上白色的部分会越来越多！

短尾信天翁还是忠贞的鸟类，一旦选择伴侣便一生不更换。每到繁殖期，它们都会在繁殖地等待配偶归来。

短尾信天翁会把巢建在哪里呢?

斑尾榛鸡

5月14日 多云间晴

今天爷爷带我来巡山护林。刚到半山腰时，我突然发现树上有动静。我仔细观察才发现，一只带着保护色花斑纹、长得很像野鸡的大鸟，正站在枝头啄食树芽。爷爷告诉我们，这是斑尾榛鸡，我国特有的国家一级保护野生动物。斑尾榛鸡平时很低调谨慎，发现危险时，它会藏在树上或者在地面一动不动，难以被人们发现。因为环境被人为破坏，加上被天敌捕猎，它们生活范围很狭窄，处于濒危状态。

日记点评

作者采用了拟人的修辞手法，赋予斑尾榛鸡以人的性格特点，用“低调”“谨慎”等形容词，生动地展示了斑尾榛鸡善于伪装隐藏的特性，用词恰当，创意十足。

物种卡片

善于“伪装”的斑尾榛鸡属于鸡形目雉科，被列为《世界自然保护联盟濒危物种红色名录》“近危”物种，是国家一级保护野生动物。

名称	分布 / 栖息	特点	食性
斑尾榛鸡	仅分布于甘肃、青海、四川，栖息于海拔 2500 ~ 3500 米的山地森林草原，金腊梅、山柳和杜鹃灌丛等地	季节性垂直迁徙，冬季常迁到低海拔的云杉林或云杉混交林，春夏季则往高海拔森林草原迁徙	以柳和榛的鳞芽、叶，云杉种子，以及其他植物的花、花序、叶、嫩枝梢为食，亦捕食小毛虫、金花虫等

斑尾榛鸡平时喜欢在树上活动和栖息，晚上也在云杉树上过夜。但育雏期间，它们几乎完全在地上活动，直到雏鸟能飞翔时才过渡到树栖生活。

雌鸟在草地、林间灌木遮挡的隐蔽平地上筑巢。筑巢时，会在地上扒出圆坑，垫上云杉细枝或禾本科与莎草的茎、叶，里边垫上苔藓、羽毛和绒羽。

斑尾榛鸡的身上有非常适合隐藏的斑纹，在周围环境里可以形成很好的保护色。在野外，有时你走到它的巢前也不会发现它。

斑尾榛鸡藏在哪里?

黑嘴松鸡

5月30日 天气晴朗

今天爸爸妈妈带着我和妹妹一起来到了动物园，我们看了东北虎、狮子和各种各样的鸟类。在鸟类园区，我看到了一只非常漂亮的“鸡”，我分不清它是鸡还是鸟。它的嘴巴和脚都是黑色的，靓丽的羽毛在阳光下非常鲜艳，有青紫色的金属光泽，黑色的尾羽末端还镶了个白色的边边，很是好看，仿佛穿了一件漂亮的裙子。爸爸看着旁边的知识牌对我说，这是黑嘴松鸡雄鸟，是典型的针叶林鸟类，它的体形很像家里养的鸡，雄鸟和雌鸟外观差别很大，雌鸟的羽毛大多是锈棕色，上面杂有黑褐色的横斑和灰白色的羽缘。黑嘴松鸡主要以植物的嫩芽、嫩枝、果实和种子为食，是国家一级保护野生动物。

日记点评

这篇日记善用比喻的修辞手法，把黑嘴松鸡的羽毛比作“漂亮的裙子”，突显出观察对象的形象特点。用了“青紫色的金属光泽”“镶了个白色的边边”一系列细节描写，用词恰当、形象。同时，作者非常细心地记录了黑嘴松鸡雄鸟和雌鸟羽毛的不同之处。

物种卡片

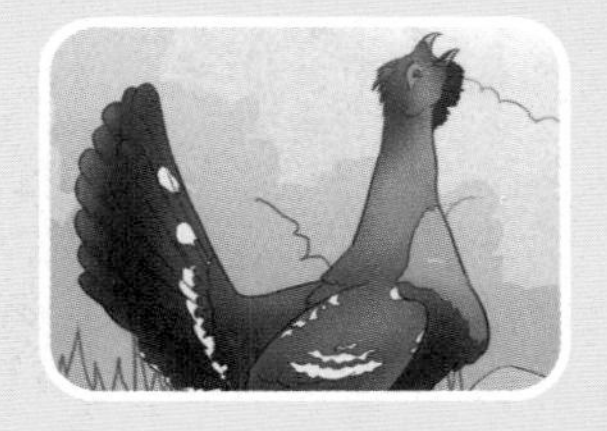

黑嘴松鸡是鸡形目雉科的鸟类，是国家一级保护野生动物。

名称	分布 / 栖息	特点	食性
黑嘴松鸡、棒鸡、乌鸡、林鸡	分布在大兴安岭、小兴安岭和长白山区海拔300～1000米的落叶松及松树林	雌雄有别，雄鸟大体黑褐色，肩、翼及尾部白斑显著；雌鸟上体锈棕色，具暗斑，肩、翼、尾亦具白斑	主要吃植物的嫩枝、嫩芽、果实和种子，也吃蜗牛、蚂蚁等昆虫及昆虫卵

黑嘴松鸡活动和觅食均在白天，天刚亮时就开始活动，一直到黄昏时才停下栖息；善于在地面行走，除了上下树，一般较少飞翔；多在树上采食，有时也在地上。

雄鸡以“帮帮”的鸣叫声寻找雌鸡，在雌鸟面前献舞求婚。

雌鸟会用脚在地面挖出凹窝，再叼些落叶松松针、树皮、小松枝和自己的羽毛等垫入凹窝中。筑巢材料主要是松针。

黑嘴松鸡藏在哪里？

红喉雉鹑

5月31日 晴天间多云

今天是爷爷上山巡逻的日子。爷爷一大早就把我叫起来，说要带我去找一种很特别的鸟类。我们快到达山顶的时候，爷爷指着不远处的灌木丛说，那就是我们今天要寻找的目标了。可是在哪里呢？我找了好久，才在灌木丛里看到一丛“会动的灌木”，原来这就是我们要找的鸟。它身上羽毛布满褐色斑点，在灌木丛里很好地隐藏了身形。

我拿起望远镜远远看去，看到一只褐色的鸟，爷爷跟我说，这是红喉雉鹑，虽然它是鸟类的一种，但是它的飞翔能力极差，善于在地面上行走和奔跑。

日记点评

作者运用疑问句加比拟的修辞手法，两个技巧相结合，深刻地突出了红喉雉鹑善于利用保护色隐藏的特点。同时，作者观察细致，准确地描写出了红喉雉鹑羽毛的纹理和颜色。

物种卡片

红喉雉鹑是鸡形目雉科的鸟类，是我国的特有物种，也是国家一级保护野生动物。

名称	分布 / 栖息	特点	食性
红喉雉鹑	分布于四川西部、青海、云南西北部。主要在海拔 3000 ~ 4500 米的高山针叶林灌木丛、草坡和岩石地区活动	飞翔能力差，很少起飞。性情胆怯，遇到敌害时常常逃到灌丛中躲避	主要吃植物根茎、果实和种子，偶尔也吃昆虫

红喉雉鹑通常单独或成对出现，在森林线附近的空旷地带觅食。

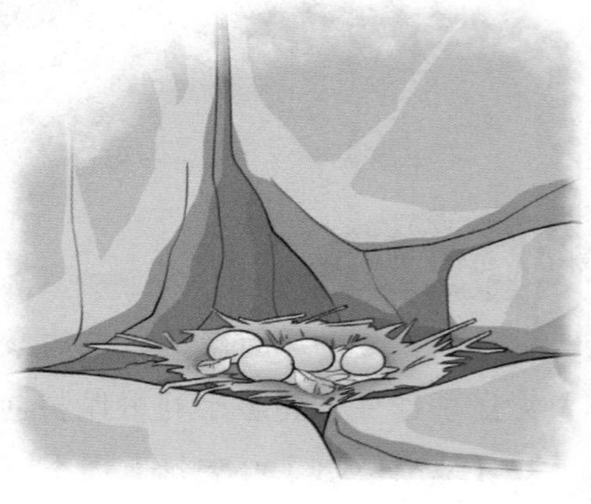

红喉雉鹑在峭壁岩石下的洞穴或灌木、杂草丛中的地面上做巢。地面巢比较简陋，只是岩石边的一个浅坑，内有少量羽毛。每窝产卵 3 ~ 7 枚，卵的颜色为淡黄色至暗褐色，布有红褐色斑点和斑块。

红喉雉鹑躲在哪里呢？

胡兀鹫

5月19日　多云间阴

今天，我和爸爸妈妈一起来到西藏旅游。在游玩途中，我发现远处的悬崖峭壁上有一个巨大的鸟巢。在鸟巢的上空，有一只巨大的鸟在盘旋，然后停留在崖壁上。我拿起望远镜远远看去，它长着“胡子”，朴素的灰褐色羽毛布满全身，头是灰白色的，眼睛附近黑色的羽毛让它看上去就像戴着墨镜一样。整只鸟看起来就像穿着旧披风、戴着墨镜的荒野牛仔，让我联想到有关荒野探险的电影。爸爸告诉我，这种鸟叫胡兀鹫，它个性孤僻，常单独活动，不喜欢和其他猛禽合群，经常出现在荒凉的山谷里，会捕捉小动物，也会吃大型动物的尸体！

日记点评

作者运用“悬崖”“巨大”等词语描写出胡兀鹫的生活环境，并综合运用拟人、比喻、联想等技巧，生动形象地突显了胡兀鹫的外貌和性格特征。

物种卡片

胡兀鹫是鹰形目鹰科的鸟类，是国家一级保护野生动物。

名称	分布 / 栖息	特点	食性
胡兀鹫、大胡子鹫、胡子雕、髭兀鹫、胡秃鹫	在我国主要分布于西藏及周边地区，生活在海拔 500 ~ 6000 米的山地裸岩、高寒草甸、山地干草原、荒漠等地区	嘴下悬黑须，因而得名。视力超群，视网膜视觉细胞数量约为人类的 7 ~ 10 倍	主要以大型动物尸体为食，尤爱食新鲜尸骨

胡兀鹫的头部和两侧呈灰白色，眼前有黑色贯眼纹，嘴部宽大侧扁，颏下有黑色刚毛，上体黑灰色，下体乳白色，胸具黑领，嘴部黑褐色，脚部被羽毛覆盖，脚趾苍灰色，爪子黑色。

胡兀鹫在高山崖壁上的大缝隙或岩洞里筑巢。巢主要由枯枝构成，里面垫着枯草、细枝、棉花、废物碎片、动物毛发等。

在青藏高原地区，生活着胡兀鹫和高山兀鹫，请找一找它们有什么区别。

金雕

5月20日 天气晴朗

今天我和家人一起去爬山。我们准备爬到山顶的时候，发现一只大鸟从高空飞到岩石峭壁上，距离我们非常近。我既紧张又兴奋，因为这是我第一次近距离见到这么大的鸟，我感觉它张开翅膀的时候，比我还要大。通过望远镜，我看到它威武地站在峭壁上，四处张望。它的爪子又大又有力，让我想起小时候划伤我的铁钩子。爸爸激动地告诉我，这是金雕，它张开翅膀飞行的时候，翼展会超过2米！它会捕食山羊和大型的鸟类，是国家一级保护野生动物。我真有点害怕它把我叼走。

日记点评

这篇日记运用了比喻的修辞手法，把金雕的爪子比喻成铁钩，突出了金雕爪子的形状特点，同时加上生动的心理描写，写出了作者第一次见到金雕时的心情，让读者感受到了金雕的威猛。

物种卡片

金雕是鹰形目鹰科的鸟类，是国家一级保护野生动物，被称为“猛禽之王”。

名称	分布 / 栖息	特点	食性
金雕、金鹫、老雕、洁白雕、鹫雕	分布于东北、新疆、甘肃等地，生活在森林、草原、荒漠、河谷地带	世界上分布最广的猛禽种类之一	以雁鸭类、雉鸡类、狍子、鹿、山羊、狐狸、旱獭、野兔等为食

金雕善于翱翔和滑翔，常在高空中一边呈直线滑翔或圆圈状盘旋，一边俯视地面寻找猎物。金雕的双爪是金色的，非常有力，翼展达 2.3 米。借助俯冲向下的冲击力，金雕强大的爪子会像利钩一样扎穿猎物颈背，让猎物失去反抗能力。据计算，金雕的爪子力量是普通男性握力的 15 倍。

金雕常在高山岩石峭壁之上或空旷处的大树顶上停栖，观察周围情况，在草地、灌草丛、山坡及丘陵地带捕猎。

你能看出金雕的爪子有什么特点吗？

秃鹫

5月24日 阳光明媚的晴天

今天，我和爸爸妈妈一起来到新疆旅游。在草原上我发现了一只正在吃动物尸体的大鸟，我非常好奇，因为它正把头伸进动物尸体的肚子里，吃里面的内脏。在望远镜里，它显得脏兮兮的，全身羽毛棕黑色，头部和颈部裸着，带有一些绒毛，让我想起穿着破旧斗篷的“秃头探险家”。它用又大又尖利的嘴拉出碎肉大口吞咽。爸爸告诉我，这种鸟叫秃鹫，是国家一级保护野生动物，它是高原上体形最大的猛禽之一，翼展有2米多长。

日记点评

作者观察细微，综合运用拟人、比喻、联想等技巧，把秃鹫想象成穿着旧斗篷的“秃头探险家”，形象地刻画了兀鹫“不修边幅”且奇特的外貌，把秃鹫的特征描写得极好。

物种卡片

秃鹫是鹰形目鹰科的鸟类，是国家一级保护野生动物。

名称	分布 / 栖息	特点	食性
秃鹫、狗头鹫、天勒、狗头雕、座山雕、欧亚黑秃鹫	栖息在海拔2500米以上的高山、高原、草地、灌木丛和半荒漠地带	颈后有部分裸秃，故名秃鹫	以大型动物的尸体和其他腐烂动物为食，也会捕食中小型兽类、两栖类、爬行类和鸟类，或袭击家畜

秃鹫擅长一种节能的飞行技巧——滑翔，常常在高空悠闲地翱翔或滑翔，偶尔也会在低空飞行。它凭借宽大的翅膀，能够翱翔数小时之久。

秃鹫善于发现孤零零躺在地上的动物。经过进化，秃鹫拥有了强大的免疫系统和卓越的视力。

下图分别是秃鹫和高山兀鹫，请找一找它们有什么区别。

乌雕

5月21日 晴空万里

今天我和爸爸来到草原上放羊，远远地看到湖边的树林里有一只大鸟在用力地撕扯什么。我眯起眼睛仔细观察，原来是一只乌雕在捕食野兔，这真是难得一见的画面。我们怕惊动了它，没有靠近，远远地观察了一会儿就离开了。一回到家，我迫不及待地打开电脑，在互联网上查阅乌雕的资料。乌雕是一种中大型猛禽，体长可以到 60 ~ 70 厘米，翅膀张开的时候超过 1.5 米。弟弟在旁边激动地扬起手大喊："哇，那它可比我们家里的小狗还要大呀！"成年的乌雕全身是暗褐色的，所以被叫作乌雕。

日记点评

这篇日记的出色之处在于作者详细记录了发现乌雕、观察乌雕、了解乌雕的过程，内容全面，知识性强。"迫不及待"这个成语，表现出作者有强烈的好奇心和求知欲，运用得十分恰当。

物种卡片

乌雕属于鹰形目鹰科的鸟类，是国家一级保护野生动物，被列入《世界自然保护联盟濒危物种红色名录》“易危”物种。

名称	分布 / 栖息	特点	食性
乌雕、花雕、小花皂雕	广泛分布于亚欧大陆，栖息在低山丘陵和开阔平原的森林中，常见于河流、湖泊、沼泽等地	中大型猛禽，留鸟，飞行时两翅宽长而平直，两翅不上举	以野兔、鼠类、野鸭、蛙、蜥蜴、鱼和鸟类等小型动物为食，也吃动物尸体和大型昆虫

乌雕在白天活动，喜欢独自捕猎，经常站立在树梢上观察，有时在林缘和森林上空盘旋。

乌雕全身羽毛暗褐色，背部略呈紫色光泽，胸部和颏喉为黑褐色。尾羽短圆，基部有V形白斑和白色端斑，虹膜褐色，嘴黑色且基部浅淡，爪黑褐色，鼻孔圆形。尾上覆羽有白色U形斑，飞行时可见。

乌雕一般在森林中的松树、槲树或其他高大的乔木树上做巢。它的巢结构较大，主要由枯树枝构成，里面垫有细枝和新鲜的小枝叶，结构为平盘状，较为简陋。

你能找出哪一只是乌雕，并说出它生活的地方吗？

白鹤

11月23日　有风的阴天

今天，我跟家人来到了美丽的鄱阳湖旅游。在湖边，我们看到了一只正在低头觅食的大鸟。它慢悠悠地抬起修长的腿，弯下长长的脖子，捕食湖里的鱼，时不时还会一只脚站立。它优雅地伫立在湖边，飞舞的时候就像芭蕾舞演员一样优美。妈妈说，这是国家一级保护野生动物白鹤，它是一种寿命很长的鸟类，一般寿命为70多岁，在中国也是一种象征着吉祥、长寿的动物哦！

日记点评

作者运用了“优雅”“修长”“慢悠悠”“伫立”等词语，非常形象地展现出白鹤如鸟中贵族般雍容华贵的形态特点，并用比喻的修辞手法，突显出白鹤优美的形象特点。

物种卡片

白鹤属于鹤形目鹤科的鸟类，是国家一级保护野生动物，被列入《世界自然保护联盟濒危物种红色名录》“极危”物种。

名称	分布 / 栖息	特点	食性
白鹤	栖息在开阔平原的沼泽和大湖附近，曾在中国内蒙古达赉湖、黑龙江中部齐齐哈尔和辽东一带，以及俄罗斯西伯利亚地区繁殖	数量稀少，全球不到4000只。胆小机警，一有动静就会立刻起飞	以水生植物的根、茎为食，喜食苦草、眼子菜、苔草、荸荠，有时捕食蚌、螺、软体动物、昆虫、甲壳动物等

白鹤的面上裸皮为鲜红色，腿呈粉红。虹膜黄色，喙橘黄色，脚粉红色。初级飞羽为黑色，展翅时才显现。雌雄羽色相同，但雌鸟体形稍小。幼鸟羽毛染金棕色。

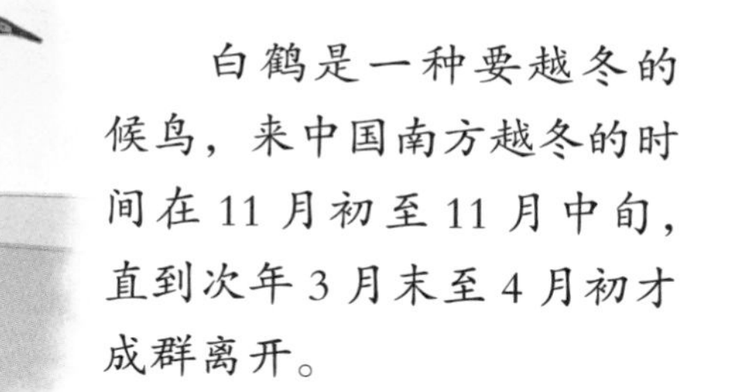

白鹤是一种要越冬的候鸟，来中国南方越冬的时间在11月初至11月中旬，直到次年3月末至4月初才成群离开。

找到下图物品中的白鹤图案。

丹顶鹤

4月10日 晴天

今天，我跟爸爸妈妈来到了美丽的湿地公园。这里有一望无际的大沼泽、清澈的湖泊，还有各种各样的动物。在苇塘边，我们看到了好几只美丽的丹顶鹤，它们昂着头引吭高歌。有两只靠近我们的丹顶鹤翩翩起舞，妈妈兴奋得语无伦次："包里，快给我手机，要录下来！"

我发现，丹顶鹤好像真的会跳舞，它们就像优雅的舞蹈家一样，时而伸出修长的颈扬起头，时而屈膝低头，时而还会在空中跳跃。

爸爸告诉我，丹顶鹤是国家一级保护野生动物，"鹤舞"可是非常难得一见的景象。

日记点评

作者运用了比喻的修辞手法，把丹顶鹤比作优雅的舞蹈家。"引吭高歌""翩翩起舞"两个成语使用恰当，十分生动贴切。此外，日记里还记录了妈妈兴奋的状态，通过这样的侧面叙述，突显了"鹤舞"的难得一见。

物种卡片

丹顶鹤是属于鹤形目鹤科的鸟类，是国家一级保护野生动物。

名称	分布 / 栖息	特点	食性
丹顶鹤、仙鹤、红冠鹤	分布于东亚北部地区，栖息于四周环水的浅滩上或苇塘边	寿命长达 50 ~ 60 年，在中国传统文化中是忠贞清正、品德高尚的象征	以鱼、虾、水生昆虫、软体动物、蝌蚪、沙蚕、蛤蜊、钉螺为食，也吃水生植物的根、茎、叶和果实

丹顶鹤到达繁殖地后不久，即开始配对和占领巢域，雄鸟和雌鸟彼此通过在巢域内的不断鸣叫来宣布对领域的占有。

丹顶鹤是大型涉禽，颈长脚高。站立时，颈尾飞羽和脚皆为黑色，头顶红亮，其余部分皆白色。飞翔时，仅次级飞羽、三级飞羽、颈部及脚为黑色，其余部分皆白色。幼鸟头颈棕褐色，体羽白色带栗色。

丹顶鹤和白鹤有什么不同?

赤颈鹤

5月24日 多云

今天，我跟家人来到了云南西双版纳旅游。我们跟随导游来到一片绿油油的河滩时，看到了几只红色头颈的鹤。“这是丹顶鹤吗？不像呀！”我想起珍稀鸟类白鹤和丹顶鹤，可是感觉这几只鹤明显不一样。它们的头颈部布满了红色的羽毛，就像是围着红围巾、戴着红头套一样，不像丹顶鹤那样只有头顶是红色。爸爸立即打开手机查阅了相关资料，才知道这种鸟叫作赤颈鹤，是国家一级保护野生动物。它们的头部、喉部和颈上部是鲜红色没有羽毛的，修长的白色内侧飞羽垂下来覆盖着尾部。

日记点评

作者运用对比的修辞手法，在回忆丹顶鹤时突出了赤颈鹤的外貌特征。同时，在描述赤颈鹤头颈特征时，恰当地运用比喻的修辞手法，以“红围巾”“红头套”等词突出赤颈鹤的形态特点。

物种卡片

赤颈鹤属于鹤形目鹤科，是一种大型涉禽，国家一级保护野生动物。

名称	分布 / 栖息	特点	食性
赤颈鹤	分布于澳大利亚、柬埔寨、中国、印度、老挝、缅甸、尼泊尔、巴基斯坦、越南，栖息于开阔平原的草地、沼泽、湖边及浅滩	体形在鹤类中最大，是唯一在亚洲喜马拉雅山以南繁殖的鹤类，常成对或成家族群在水边和原野觅食	以鱼、蛙、虾、蜥蜴、谷粒、水生植物根茎为食

赤颈鹤的叫声响亮持久，有的像响亮的喇叭声。鸣叫时颈伸直，嘴朝向天空。

赤颈鹤的头、喉、颈上部裸露，皮肤粗糙鲜红，繁殖期尤甚。头顶灰绿色且平滑，嘴基部有灰白色羽斑，眼先有黑色刚毛，颈基部偶见白环。覆羽黑色，部分飞羽延长，覆盖淡灰尾羽，余羽均为灰色。虹膜橙色，嘴灰绿色，足趾肉红或粉红色。

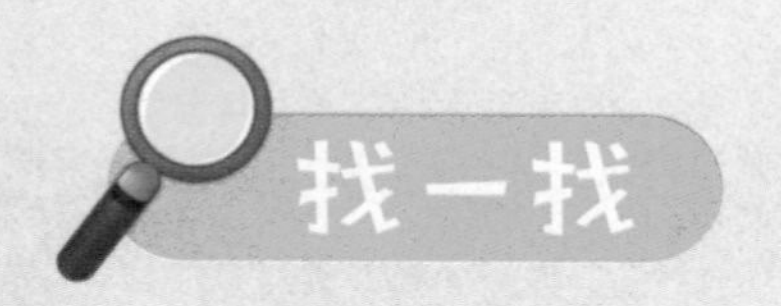

下面的图中，哪只赤颈鹤的栖息环境是错误的？

东方白鹳

5月26日 风和日丽

我跟家人来东北旅游。今天，我们来到了湿地公园玩耍。湿地公园里面有各种各样的动物，但是最吸引我的是一群身体长着白色羽毛、黑色翅膀的鸟。爸爸通过查阅资料，了解到这种鸟叫作东方白鹳，属于鹳科鹳属，是一种大型涉禽，被誉为“鸟中国宝”。我们在草丛边观察了这群东方白鹳好一会儿，发现它们性格安静但很机警，在飞行和行走的时候，动作缓慢，看起来很优雅。

日记点评

日记中采用直叙的方式描写和记录作者到湿地公园观鸟的过程。作者运用“安静”“机警”“缓慢”“优雅”等词语对东方白鹳的性格和形态进行了刻画，运用恰当，值得表扬！

物种卡片

东方白鹳是鹳形目鹳科的鸟类，被誉为“鸟中国宝”，在《世界自然保护联盟濒危物种红色名录》中属于“濒危”等级，是国家一级保护野生动物。

名称	分布 / 栖息	特点	食性
东方白鹳	分布于东亚、西伯利亚东南部，栖息于开阔而偏僻的草地、河流、湖泊、湿地、沼泽、水稻田等地	机警胆怯，避人。如遇入侵者，会快速发出“嗒嗒嗒”声示警，同时伸直颈部，后仰并摆动头部，展半翅，竖尾羽，不停走动	以鱼、蛙、鼠、蛇、蜥蜴、蜗牛、甲壳动物、环节动物、昆虫成虫及幼虫等为食

东方白鹳行走和飞行时动作优雅，常常单脚站立在水边沙滩上或草地上。

东方白鹳觅食时常成对或成小群漫步在水边、草地或沼泽地上，步履轻盈矫健，边走边啄食。常吃沙砾和小石子来帮助消化食物。

你能区分赤颈鹳和东方白鹳吗？

海南孔雀雉

5月20日 阳光明媚

我和爸爸妈妈来海南岛旅游。今天，我们特意来到动物园观察珍稀鸟类。在一片茂盛的竹丛中，我看到一只灰褐色的“小孔雀”。爸爸说，它就是我们寻找的海南孔雀雉，是鸡形目雉科的鸟类，和家养的鸡是“亲戚”。刚看到名字时，我还以为它是一种孔雀呢，正觉得有些失望，突然，一只雄海南孔雀雉像打开扇子一样展开了漂亮的羽毛。“哎呀，它会开屏！和孔雀一样会开屏！”我兴奋地大喊。它的羽毛非常炫目，像是布满了无数眼睛，使这只孔雀雉看上去仿佛一只千眼神鸟。

日记点评

作者运用了对比的修辞手法，把海南孔雀雉和孔雀作比较，突出了“失望”之后的“兴奋”之情，非常形象生动地表现出自己的心理活动。而后仔细描写了海南孔雀雉开屏的动作，并采用了比喻的修辞手法，以“千眼神鸟”作为喻体，形象地刻画出海南孔雀雉开屏时的炫目外观。

物种卡片

海南孔雀雉是鸡形目雉科的珍稀鸟类，属于国家一级保护野生动物，被列为《世界自然保护联盟濒危物种红色名录》“濒危”物种。

名称	分布 / 栖息	特点	食性
海南孔雀雉	仅分布于中国海南岛，栖息于海拔1500米的山林和竹丛中	叫声独特，雄鸟发出嘹亮悦耳的“guang-gui, guang-gui”两声一度的鸣叫，第一声较长。雌鸟发出“ga-ga-ga”的速叫声	以动物性食物为食，喜食昆虫和蠕虫类

海南孔雀雉常栖息在山林和竹丛中，常单独或成对活动。非常机警，一有动静就会马上飞走，或者钻进稠密的枝丫间。

雌雄长相很不一样，雄鸟拥有非常漂亮的羽毛。

海南孔雀雉的食物有哪些呢？

绿孔雀

5月25日 多云

趁着周末，我跟爸爸来云南旅游，这里有占地面积非常宽广的动物园。在一片灌木旁的草地上，我们看到一只毛色绚丽的孔雀，它的头顶有一簇直立的冠羽，后背的羽毛呈翠绿色，光泽绚丽，就像戴着后冠、穿着盛装的女王。在阳光下，它拖着长长的尾巴，华丽的尾屏十分醒目，让我想起铺地的长裙。爸爸告诉我这是绿孔雀，这只拥有长长的尾羽，优雅地行走在草地中间的，其实是雄性绿孔雀，它会在雌性绿孔雀面前开屏呢！

日记点评

作者把绿孔雀的细节描写得很到位，大量运用了比喻、拟人的修辞手法，使用了“光泽绚丽”“后冠”“盛装”等词，把绿孔雀塑造成一位穿着华丽、姿态优雅的女王，向我们生动形象地描绘了绿孔雀的绚丽外观。

物种卡片

绿孔雀，是体形最大的雉科鸟类，是国家一级保护野生动物。

名称	分布 / 栖息	特点	食性
绿孔雀、爪哇孔雀、越鸟、龙鸟	分布于南亚、东南亚，栖息于海拔2000米以下的热带、亚热带常绿落叶阔叶林和针阔混交林	雄性绿孔雀在求偶时会开屏，一旦遇到敌人而又来不及逃避时，也会开屏恐吓	以川梨和黄泡的果实、嫩树叶、芽，以及蘑菇、豌豆、稻谷、白蚁、蚯蚓、蜥蜴、蛙等为食

绿孔雀是大型雉类，体长 180 ~ 230 厘米。雌性和雄性长得不一样，雄性有绚丽的外观，非常容易识别。

绿孔雀的繁殖期为 3 ~ 6 月。在此期间，雄鸟的羽色尤为艳丽夺目，它们会频繁地在雌鸟周围穿梭，展示其魅力。由于雌鸟数量有限，雄鸟之间还常常因为争夺配偶而发生激烈争斗。

绿孔雀胆小怕人，非常机警。在活动时，它会时常抬头观望周围动静，发现人时，会马上逃走或向远处飞去。

你能找出绿孔雀和海南孔雀雉有什么区别吗？

青头潜鸭

5月30日 晴天

今天天气晴朗，我跟家人一起来到森林公园玩。走到湖边时，我看见一群鸭在欢快地游泳。它们很安静，不会大声鸣叫，时不时收拢起翅膀深深潜入水里。

它们醒目的外形引起了我的注意。它们的头和颈是黑色的，脑袋后有部分漂亮的羽毛发出绿色的光泽。它们的身体背上是黑褐色，下腹是白色的，和胸部的栗色截然分开。“这是参加时装展的鸭子吗？”我笑呵呵地对爸爸说。爸爸说这是青头潜鸭，它们可是非常稀有的，是国家一级保护野生动物。

日记点评

作者运用分点描写的技巧，突出了青头潜鸭“安静”“潜水”“漂亮的羽毛”等几项显著的特征，描写通顺，注重细节，并采用了拟人的修辞手法，风趣幽默地展示了青头潜鸭毛色绚丽的外形特点。

物种卡片

青头潜鸭属于雁形目鸭科，是一种极度濒危的鸟类，被列入《世界自然保护联盟濒危物种红色名录》“极危”物种，是国家一级保护野生动物。

名称	分布 / 栖息	特点	食性
青头潜鸭、白目凫、东方白眼鸭、青头鸭	分布于中国黑龙江、吉林、辽宁、内蒙古及河北东北部等地区，主要栖息在有芦苇和蒲草等水生植物的小湖、水塘和沼泽地	翅强而有力，飞行速度极快，也能很快地在地上行走。善于潜水和游泳，在水面起飞也很灵活。性胆怯，受惊时立刻从水面冲起	以各种水生植物的根、叶、茎和种子为食，也吃软体动物、水生昆虫、甲壳类、蛙等动物性食物

青头潜鸭雄性头部和颈部为黑色，有绿色光泽，上体为黑褐色，尾下和翼下覆羽为白色。雌性头部和颈部为黑褐色，腹部以白色羽毛为主，两翅、腰和尾上尾下覆羽与雄性基本相同。

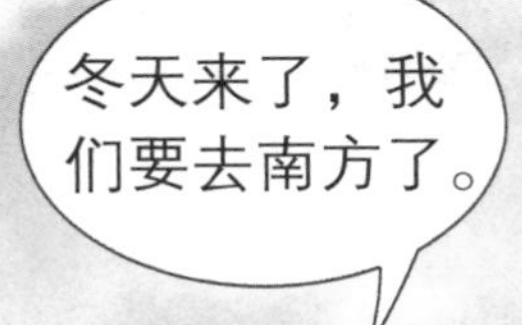

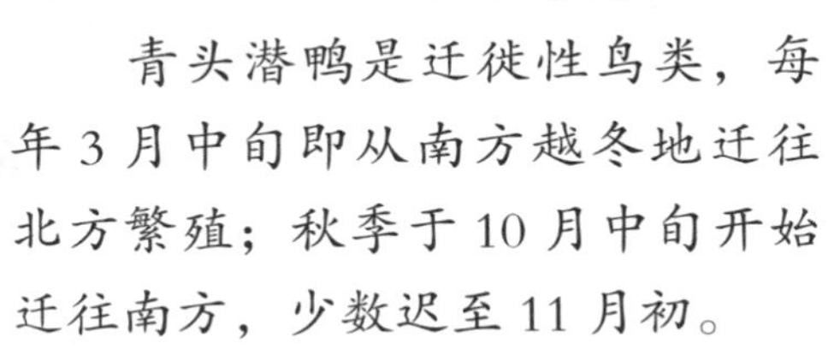

青头潜鸭是迁徙性鸟类，每年 3 月中旬即从南方越冬地迁往北方繁殖；秋季于 10 月中旬开始迁往南方，少数迟至 11 月初。

青头潜鸭跟绿头鸭长得几乎一模一样，你能分辨出它们吗？

观察和记录鸟类，有哪些工具呢？

1. 相关资料：《国家重点保护野生动物名录》、各种鸟类图鉴。

2. 迷彩服：鸟类生性机警，贸然接近可能会惊扰到它们。尽量穿着朴素，避免身上出现过于醒目的颜色和图案，如有条件，迷彩服是最好的选择。

3. 望远镜：可以清晰地看到远处。鸟类通常生活在树上，在不惊动鸟类的情况下，我们可以通过望远镜，在陆地上清楚地观察它们。

珍稀鸟类的栖息地通常在野外，做好这些准备，可以让你在野外观测时事半功倍。

1. 双肩包：不仅可以携带许多在野外必备的物资，比如食物、工具和生活用品等，还便于我们在观察鸟类时，腾出双手使用望远镜。

2. 地图：重要资料，用来决定调查计划和路线，避免在野外迷路。

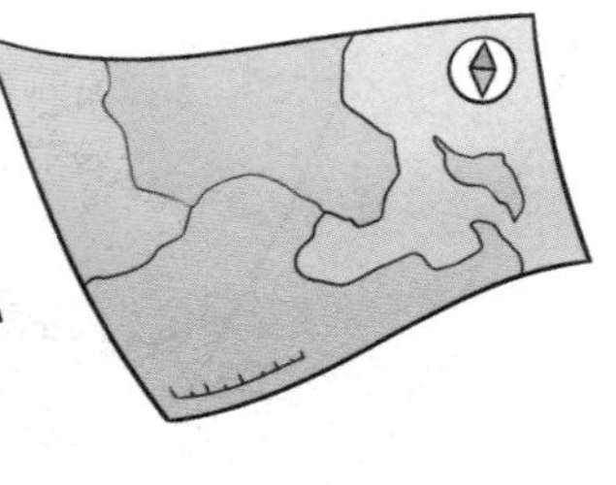

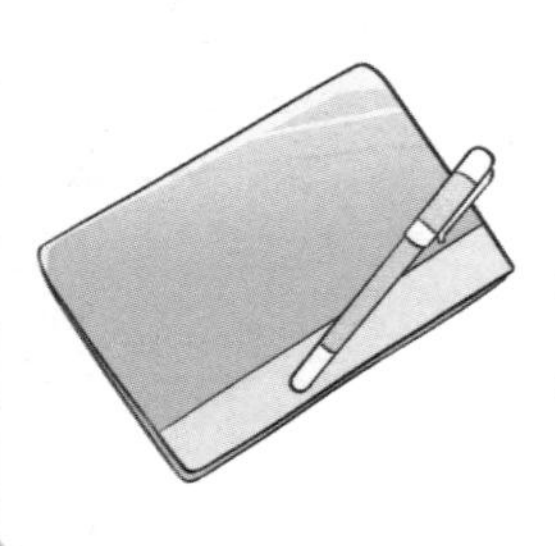

3. 记事本与笔：可以用来记录观鸟的时间、地点，以及鸟类的外貌、特点、习性等。

4. 数码相机：可以及时拍摄下观测到的鸟类，并且相片能够长时间保存，作为参考资料使用。

5. 测距仪：用来测量观察者与鸟类之间的距离，以便选取最佳观察位置，避免惊扰鸟类。

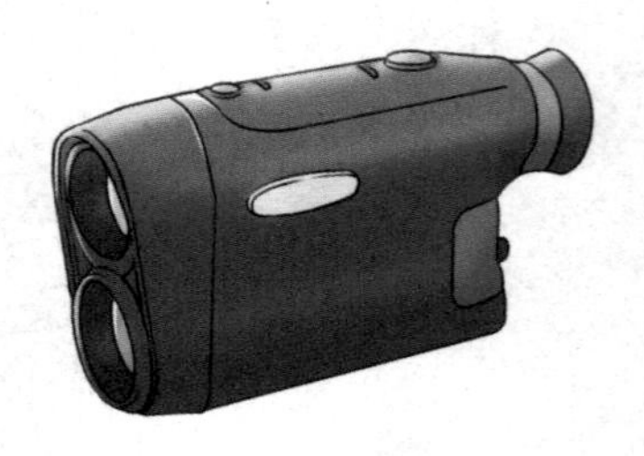

6. 录音笔：可以记录鸟类的叫声，以及周围环境的声音，以便进行后续的记录和对鸟类的栖息环境进行研究。

怎样观察鸟类？

观察鸟类的各个部位，如头部、喙部、胸部、尾部、翅膀、羽毛、腿等，并记录它们的叫声特点。在观察鸟类时要注意隐蔽，不要吓跑它们哦！